寶寶來了！

寶寶上幼兒園了！

2.0

網路人氣漫畫家

Snow

小雪（寶寶媽）著

書泉出版社 印行

作者序

　　《寶寶來了 2.0》收錄了寶寶兩歲到三歲時期的育兒創作，兩歲寶寶的智能發展神速，媽媽每天都有應付不完的新挑戰，這本書幽默地記錄了寶寶這段精彩的成長歷程，更希望這些幽默又帶點自娛娛人的創作，能給同樣深陷（或曾經深陷）苦海的父母們一點安慰——放心，天底下的父母都跟你們一樣慘。寶寶在兩歲四個月時開始上幼兒園，因此寶寶媽也將這段時間的入園準備、適應期過程及心得，透過創作及心情文的方式跟大家分享。此外，在寶寶快滿兩歲之際，寶寶媽還很有勇氣（傻氣）地帶著寶寶衝了趟日本沖繩玩樂，所以書中也有當時一打一親子出國遊的心得，供有需要的父母參考。

　　曾有朋友問我，如何在忙碌的育兒跟工作之中找時間創作？其實寶寶媽多半是利用早上寶寶還在睡覺、外出寶寶玩累了休息的空檔、甚至是寶寶專心玩樂的片刻，拿起手機就開始畫了，不過創作時也常常會被寶寶打斷，所以有時一張圖得分好幾次才能完成，也因為這樣線條或圖案並不太完美。不過寶寶上幼兒園之後，寶寶媽多了一點時間，所以分別在 2018 年的 8 月份跟 10 月份，在忠孝復興捷運站（地下街藝廊）及臺北市信義行政中心一樓展區，辦了兩場《寶寶來了 2.0》的展覽，展覽期間有位僑居日本的朋友，因為路過看到《寶寶來了 2.0》的創作，特地委託臺灣的親友上網購書寄到日本給他；寶寶媽在展覽期間也看到很多行人駐足欣賞，男女老少都有之外，還有外籍人士看了放聲大笑；還有許多長期追蹤臉書粉專、關注寶寶媽創作及生活的朋友，感謝你們讓我覺得創作這件事，真的是天底下最棒的一件事了！也讓我有繼續創作跟出書的動力！

　　事實上，在寶寶媽準備展覽工作忙得如火如荼之際，寶寶還生病了，大概是熱到或吃壞肚子，整晚吐得一塌糊塗，所以寶寶媽的展覽籌備是在邊工作、邊照顧寶寶、邊洗床單衣物中渡過，這就是現實中的育兒生活（苦笑）。還記得在出前一本《寶寶來了》書時，曾跟出版社的主編提議，是不是要把

《寶寶來了》書名後面加上編號「1」，主編回說：「那之後得有第二、第三本《寶寶來了》才行……」，我想都沒想就回說：「我應該可以畫到寶寶18歲沒問題……」。育兒這條路，每個階段都有大魔王跟新挑戰，永遠有畫不完的題材，所以不到一年的時間又出了第二本書《寶寶來了2.0》！坦白說要一邊工作、一邊照顧小孩，還要持續創作《寶寶來了2.0》真的頗辛苦，但我仍舊樂此不疲，因為能幫辛苦的父母舒壓，就是令人開心且有成就感的事，有時看到粉絲的留言，感覺自己也被療癒了，希望能一直持續創作大家喜愛的作品，直到寶寶18歲吧（握拳）！

最後，跟大家分享一件令人開心的好消息！前一本書《寶寶來了》已獲選為2019年德國法蘭克福書展推廣圖書！如果你喜歡本創作《寶寶來了2.0》，相信也會喜歡《寶寶來了》這本收錄寶寶兩歲前的創作，這本書也很適合送給新手父母作為禮物，歡迎大家上網訂購喔！

※　寶寶媽目前除了原本育兒題材的創作之外，也開始加入女性議題的創作，因此臉書粉專《寶寶來了2.0》已於2018年10月更名為《畫說女人＆寶寶來了2.0》，歡迎上網按讚持續追蹤最新創作。

001 可怕兩歲

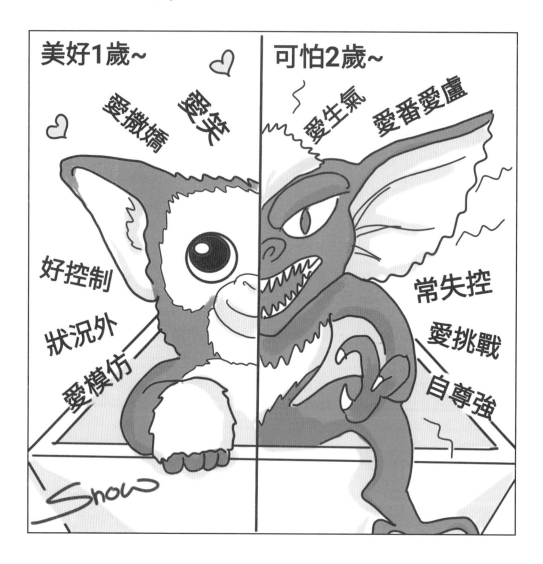

美好1歲~
愛撒嬌　愛笑
好控制
狀況外
愛模仿
Snow

可怕2歲~
愛生氣　愛番愛盧
常失控
愛挑戰
自尊強

兩歲媽媽請備戰！（抖……）

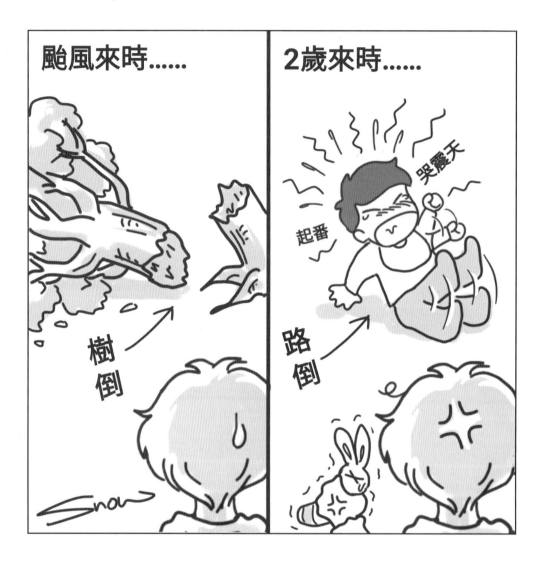

其實不用到兩歲，
一歲半以後就開始有叛逆徵兆了……

兩歲兒常以逗弄媽媽為樂……

2歲是模仿力高峰期……

所以父母真的要很注意
自己的言行舉止呀!

寶寶對購物這件事
很有自己的看法……

007　兩歲兒的社交

寶寶最愛漂亮阿姨……
（媽媽開始需要心理建設了……）

甜滋滋的痛楚……

基本上還有「吃飯了」、「刷牙了」、「洗澡了」也經常重複N百遍……

真心覺得有東西能讓兩歲寶寶專注玩
（不要給我搞鬼）是件幸福的事……

寶寶外出習慣帶一台玩具車出門......

012 葡萄乾土司

兩歲的寶寶實在越來越精了……

兩歲寶寶智能發展神速，
常有許多驚人之舉！

兩歲兒處處都有堅持呀……

015　寶寶的好勝心

兩歲兒是喜歡觀察模仿其他小朋友
行為的階段。

其實魚剛到新環境初期
會挑食是正常的喔！

017 噴錢進行式

018 遠門的定義

現在連坐個捷運都算出遠門了⋯⋯

019 鄰居練琴

020 握力冠軍

被寶寶抓住的東西
通常都很難搶得回來⋯⋯

雖然如此我還是很愛你的，
掃地機器人～❤

有其母必有其子

> 寶寶的一舉一動
> 越來越像自己的翻版……

希望寶寶以後作文寫我的媽媽時
都是美好的回憶！

母子心連心就是最棒的時光～♥

跟剛好在用餐的朋友說聲抱歉～

其實是媽媽自己比較想玩～

027 吃飯時最怕

絕對不要坐寶寶對面就對了！

媽媽每天的運動量不亞於寶寶......

吹風機之戰

每天幫寶寶吹乾頭髮都像是場大戰！

感覺寶寶是從火星來的物種……

買寶寶的東西都花錢不手軟，
買自己的就⋯⋯

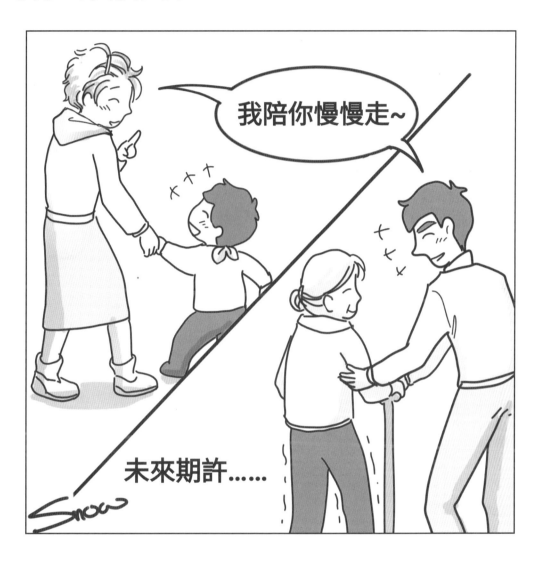

雖然父母對小孩的付出多是不求回報的，但仍暗自期許未來的寶寶……

033 擀麵式入睡法

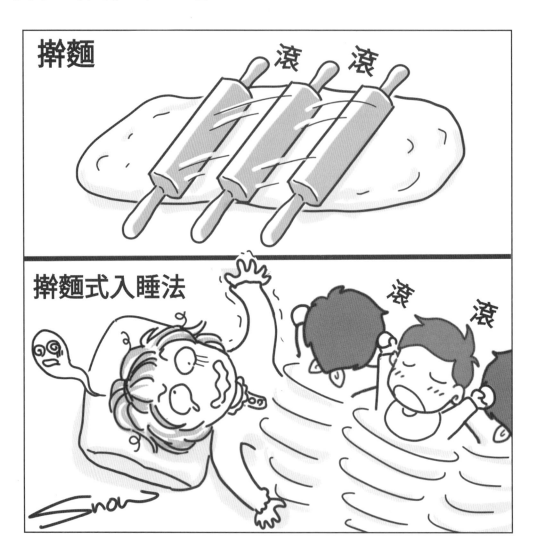

每天睡前都要被寶寶
蹂躪一番……

表情要到位

動作要誇張

音調要天高

哇~

好棒棒~
（浮誇稱讚法）

只是吃了口飯

建議媽媽可以常看幼幼台，
跟大哥哥大姐姐主持人們學習……

唉，女紅苦手媽媽的煩惱……

這輩子從來沒那麼在意過食品安全！

037 打包

有好吃的媽媽永遠都會先想到小孩！

換季天氣變化大時，常不曉得該開冷氣、暖氣還是除濕……

媽媽要稍微犧牲一下就是了⋯⋯

世道真的不一樣了！

寶寶真的很在意地上的
頭髮跟小紙屑！

專家說多跟寶寶玩辦家家酒
有助提升想像力及智能發展喔！

043　媽媽的感傷

當媽後，
真的好久沒有出門玩了呀……

媽媽應該都有過這種感觸吧……

現在逛賣場跟上戰場差不多……

046 進出捷運站的困擾

希望大家能禮讓推推車的媽媽
優先使用大閘門呀,感恩!

寶寶來了2.0　049

人家說生完小孩笨三年是真的……

048　媽媽的錢包

當媽後基本上錢包就是寶寶的了⋯⋯

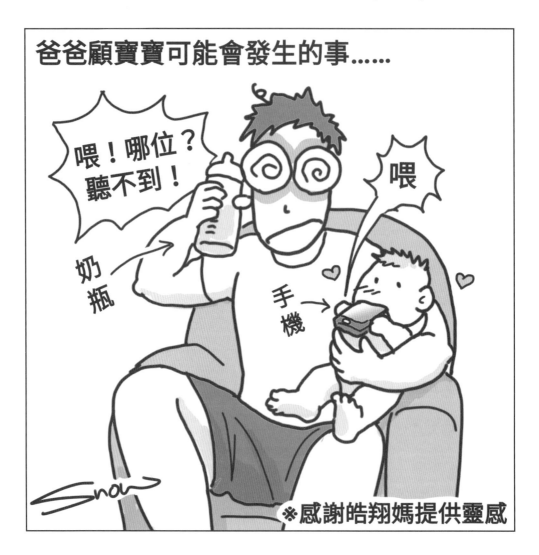

爸爸顧寶寶可能會發生的事......

喂！哪位？
聽不到！

喂

奶瓶

手機→

※感謝皓翔媽提供靈感

感謝網友皓翔媽提供本篇創作靈感！

感謝網友熊寶媽提供本篇創作靈感！

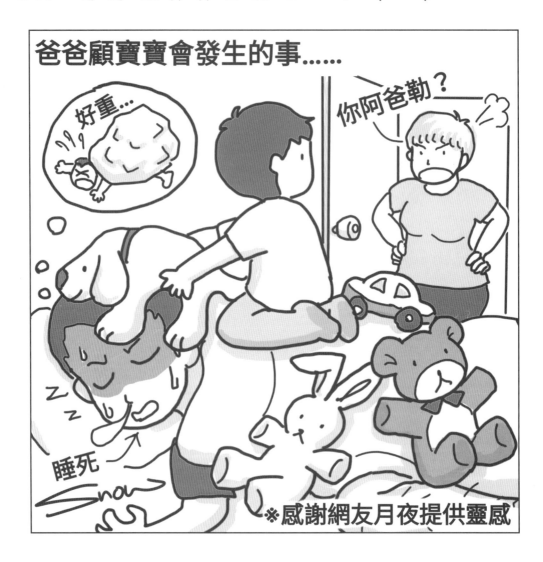

感謝網友月夜提供本篇創作靈感！

你家寶寶也有奇妙（奇怪）的口頭禪嗎？

媽媽的渡假想像畫面……
（當然只是想像）

前一秒......

下一秒......

不小心讓寶寶拿到筆的下場......

初次帶寶寶出國的心得分享文及攜帶物品建議

寶寶媽在寶寶快滿兩歲時，鼓起勇氣帶著寶寶衝了趟日本沖繩，過程雖然充滿辛苦與挑戰，但是收獲滿滿很值得喔！而且我發現寶寶簡直是出國咖，整程超嗨、超開心的，真是讓媽媽又喜又憂，擔心以後寶寶吵著要出門玩媽媽就慘了！以下是寶寶媽的一打一親子日本自由行經驗分享，提供給大家參考囉！

※ 關於一打一出國必備物品：

必帶的當然是推車、奶嘴跟安撫娃娃！這次三天兩夜旅行，寶寶媽只帶了一大一小的隨身包行李，大包掛在推車後下方，所以行動非常方便，只是上下飛機要辛苦背一下；奶嘴跟安撫娃娃則對於初次搭飛機到陌生國度的寶寶超重要！奶嘴記得多帶一個備用（最好用奶嘴夾夾好），娃娃帶最愛的一兩個就好，之後再沿路買小玩具，保證寶寶玩得樂不思蜀，整趟下來簡直是狂掃玩具之旅，記得買輕小好玩又方便攜帶的玩具喔！

※ 其他攜帶物品參考：

換洗衣物（寶寶的要多帶）、睡衣、寶寶備用鞋、盥洗衛生用品、尿布 × 天數、100ml 內果汁及果泥（可上飛機）、水壺、奶瓶、分裝奶粉袋、熱水瓶、洗奶瓶外出組、口腔清潔巾單片包數個、小包手口濕巾數包、餐具及塑膠刀（可代替食物剪）、小包餅乾零食、手機、充電線、行充。出發前記得再檢查護照、外幣及信用卡跟家裡鑰匙喔！

※ 關於搭飛機及飯店選擇：

我是個很容易緊張的人，所以我一開始就設定要定點悠哉的玩（如果大點可考慮跟團或參加 ClubMed），我找離機場近且有沙灘的優質飯店，也評估就近有購物及玩樂場地（也要寶寶充分放電媽媽才有機會逛街呀！），時間彈性自由可以睡到飽，寶寶跟媽媽都能放輕鬆開心玩；至於如何讓寶寶順利搭飛機，奶嘴跟安撫玩具一定要之外，點心、玩具、小書也要上場（必要時可看手機影片

或玩自拍也不錯），到機場時喝一次奶也可幫助寶寶上飛機睡覺。

※ **關於寶寶的吃喝：**

出門在外吃要圖方便，而且只要寶寶願意吃，基本上我都百無禁忌（冰淇淋也ok，量不要太多就好），此外，我滿推薦帶寶寶去吃旋轉壽司，寶寶可吃蒸蛋跟蝦壽司等多樣化食品之外，如果寶寶真的哭鬧也可以很快離場，如果是在一般餐廳或用餐時間較久的餐食就很困擾了。

常常在忙完一整天，媽媽
終於可以躺床上休息時......

當媽經常需要挑戰自己的
體力極限......

057 禮貌身教

最棒的教育是「身教」！

這是一個挺困擾父母的問題……

059 寶寶不在身邊的週末

媽媽難得的珍貴自由時光！

060 兩歲兒的睡品

寶寶越大，力道也越重……

各位長輩們，
寶寶真的真的很怕熱的！

這個媽媽很沒原則……
（手頂額頭反省中）

063 寶寶不見了？

真實發生的事，幸好床不高……

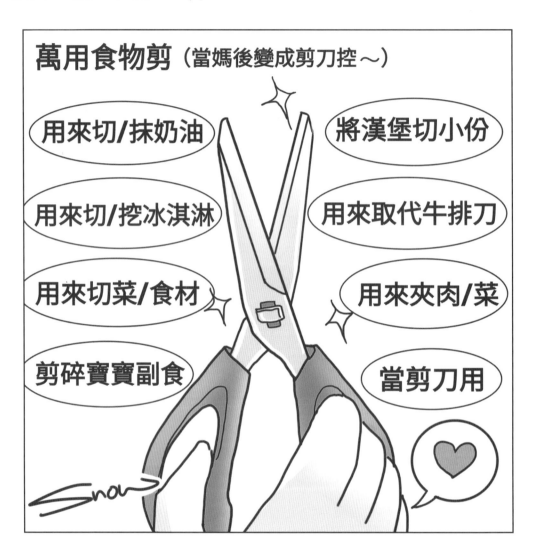

萬用食物剪（當媽後變成剪刀控～）

用來切/抹奶油

將漢堡切小份

用來切/挖冰淇淋

用來取代牛排刀

用來切菜/食材

用來夾肉/菜

剪碎寶寶副食

當剪刀用

當媽後才猛然發現食物剪
真是個驚人好物！

為了讓寶寶多吃點，
媽媽可說是無所不用其極……

精力都花在寶寶的身上了……

手機對媽媽真的真的很重要呀！

希望感冒的朋友都能戴上口罩喔！

寶寶的喜好天天都在變呢！

070 別拿小孩跟別人比

打從寶寶出生（甚至還未出生開始），各種「跟別人的小孩」的比較跟被比較的事情似乎從沒停過，舉凡出生體重、餵不餵母奶、身高體重、什麼時候會爬會走會說話……我想可能到小孩結婚生子還是會繼續比較下去吧。

我自己也難免偶爾會被別人的比較性言語所影響，例如寶寶常被說體重偏輕，或是怎麼兩歲了還不太會說話……等等，但是寶寶健健康康活力十足，而且雖然寶寶不愛說話，但是他的理解力跟溝通能力卻常常讓身為媽媽的我感到訝異。

坦白講當一個媽媽，的確很難做到完全不跟別人的小孩比較這件事，但是我常在提醒自己「每個小孩都有他的獨特性跟成長步調」，所以畫出這張圖來提醒自己跟所有的父母，記得每個小孩都是這個世界上獨一無二的寶貝喔！

有這種心態的媽媽應該還不少……

當媽後能避開人多的地方
就盡量避開呀～

幫寶寶清鼻子是媽媽的挑戰⋯⋯

哭鬧狀況一：輕度摔跤

寶寶哭鬧時媽媽該怎麼應對？有些專家說要即時安撫才能讓寶寶有安全感，有些專家說過度呵護會產生依賴性不易獨立，寶寶媽覺得要如何應對應該要視狀況而定，因此提供自己在「輕度摔跤」、「受傷流血」、「受驚嚇或恐懼」、「肚子餓或想睡」、「想買玩具或貪玩」、「缺乏耐性」等六種常見的寶寶哭鬧類型及應對方法給大家參考，不過每個寶寶個性不同，要順應其個性適度調整哦！

[哭鬧狀況一] 輕度摔跤

[應對方法] 適度安慰

跌倒不要緊...

自己站起來
很棒哦！

哭鬧狀況二：受傷流血

重點在冷靜應對與安慰！寶寶受傷第一時間先冷靜檢查傷勢（如果重摔反而不可移動以免造成更大傷害，情況嚴重先打119），如果傷勢不嚴重，先給予抱抱與安慰（大人痛苦時也會希望得到安慰，更何況寶寶呢？），並做適當傷口處置及言語慰藉（例如：「媽咪擦藥藥就好了」或「媽咪親親就不痛了」，至於「下次要注意」或「你就是跑太快才摔倒」這種訓誡話要等寶寶冷靜後再說才會聽得進去），擦完藥後我會把棉花棒交給寶寶自己擦，通常能成功轉移寶寶注意力，讓寶寶繼續開心玩去了！

[哭鬧狀況二] 受傷流血

[應對方法] 安慰與處理

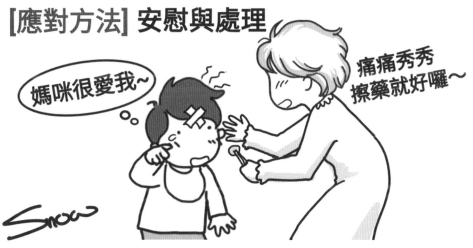

哭鬧狀況三：受驚嚇或恐懼

寶寶害怕時，大人千萬不要說「那有什麼好怕的」，對小小孩來說，很多大人認為沒什麼的事物都可能造成極大恐懼（試想有人一直拿你最害怕的東西在你眼前晃的感覺）。寶寶受到驚嚇時，第一時間應該給予擁抱或輕拍身體的肢體慰藉，以減輕寶寶的心理壓力，試著確認寶寶可能害怕的事物為何，並給予理解與轉換成正面的說法（例如：是煙火的聲音太大聲讓你害怕嗎？但是要有這些聲音我們才能看到漂亮的煙火哦！），如果是對貓狗等具體事物感到害怕，可運用貓狗繪本或玩偶讓寶寶產生熟悉與好感，降低對動物或物品的恐懼，但是記得循序漸進，不要太過勉強喔！

[哭鬧狀況三] 受驚嚇或恐懼

Hi~Baby~

嚇！

[應對方法] 安撫身心與轉換說法

好像不是可怕
的東西……

蜘蛛看起來可怕，
但它會吃壞蚊子
保護我們哦~

Snow

哭鬧狀況四：肚子餓或想睡

我這篇想談的對象不是寶寶，是「父母」！兩歲左右的寶寶，感覺已經能理解跟表達很多事了，但是事實上寶寶在餓或睏時，大腦根本是一團混亂的，這時父母就得試著理解寶寶的身體語言，或用經驗甚至直覺推測大哭的可能原因。寶寶媽自己就曾遇過才吃完晚餐的寶寶哭鬧不已，後來發現居然是因為他還沒吃飽，直到喝了奶之後才不哭⋯⋯（苦笑），還有以前會覺得寶寶睡前哭鬧很困擾，但是看到專家文說睡前哭是寶寶釋放情緒的正常現象後，自己應對的心態就比較處之泰然，不會太過情緒化囉。

※推車催睡法參考：寶寶外出想睡時，寶寶媽會推著車讓他哭鬧一下，等哭累塞給他娃娃跟奶嘴，快入睡時放慢推車速，通常可以順利入睡，給媽咪們參考囉。

[哭鬧狀況四] 肚子餓或想睡

[應對方法] 就讓他哭一會也無妨

哭鬧狀況五：想買玩具或貪玩

寶寶都是喜愛玩具跟玩樂的（大人也是呀！），寶寶媽覺得予取予求或是嚴格禁止都會產生反效果，適時適量地買玩具跟玩樂有益寶寶身心發展！但當買玩具或玩樂的時機不對，應付兩歲寶寶無法即時獲得滿足的哭鬧方法是「忽視與轉移目標」，不過在此之前建議要跟寶寶說明不能買玩具／玩樂的原因，也許寶寶無法全然理解，但可以感受到大人的慎重與尊重，以後也較容易學習尊重他人；在控制玩樂時間部分，寶寶媽喜歡運用預告法及約定玩樂次數，例如：「我們等下會玩搖搖車，我們最多可以玩三次」，然後在最後一次時特別加強告知「這是最後一次囉」，反覆如此寶寶就慢慢習慣且信任大人的話，減少無理取鬧的次數了！

[哭鬧狀況五] 想買玩具或貪玩

堅決

[應對方法] 忽視並轉移目標

去玩一次飛機
再回家好不好?

好~♡

10元

哭鬧狀況六：缺乏耐性

越小的小孩，能專注的時間本來就越短，因此要培養小小孩等待的耐性要循序漸進，先從較短的等待時間開始訓練，並透過讚美及獎勵降低寶寶對等待的排斥感。例如寶寶媽在用餐，但寶寶想玩時，寶寶媽會說：「媽咪知道你想玩，可是媽咪還在吃飯哦，你要等媽咪吃完飯，我們再一起玩拼圖。」等一會兒吃完飯後，寶寶媽就會跟寶寶說：「媽咪吃完了，謝謝你等媽咪，我們來玩拼圖吧！」又例如外出採買時，寶寶媽會請寶寶等媽媽買完東西再帶他去玩（有時也會先讓寶寶玩一會兒再去買，買完再回去繼續玩），重點是溫和堅定與說到做到，讓寶寶信任大人講的話，並且學習等待與尊重大人，寶寶媽覺得讓寶寶學習尊重很重要，大人也不要永遠把寶寶的要求擺第一位，才不會養出愛哭鬧的「慣寶寶」喔！

[哭鬧狀況六] 缺乏耐性

[應對方法] 學習尊重與獎勵等待

媽媽真的沒有時間生病呀！

寶寶發燒
不要用藥！

退燒塞劑在哪~!!!

39度

寶寶發高燒真的要媽媽命呀！

政府催生育率時信誓旦旦，
真正需要幫忙時就山高水遠……

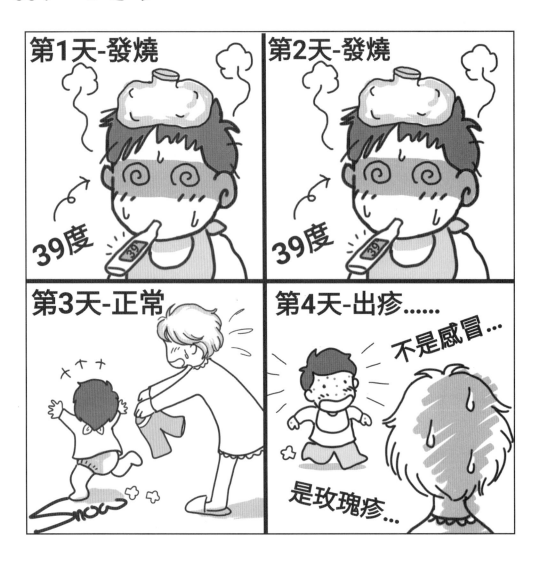

寶寶發燒的其中一種可能性！

媽媽玩旅行青蛙的感嘆……

最怕寶寶終於睡了、
媽媽卻醒了……

媽媽真的沒有失眠的本錢哪～（淚奔）

如果當面把寶寶玩具弄壞……

敢不收玩具！

怒

下場應該是……

不！

好好玩哦~

這件事實在讓寶寶媽
感到很困惑……

寒流來時地震的聯想～

地震避難原則~（參考自消防署）

媽媽避難包
手電筒、飲水
乾糧、奶粉
尿布、衣物
急救包、錢
瑞士刀、手機

在床上 ▶ 用棉被枕頭蓋頭
木桌旁 ▶ 躲木桌下抓桌腳
廚房裡 ▶ 關瓦斯就地避難

遠離易傾倒傢俱及易碎物！

重要的手機跟行動電源
也別忘了帶喔！

091 看電視

雖然出門玩是減少寶寶看電視的最佳辦法，但現實上……

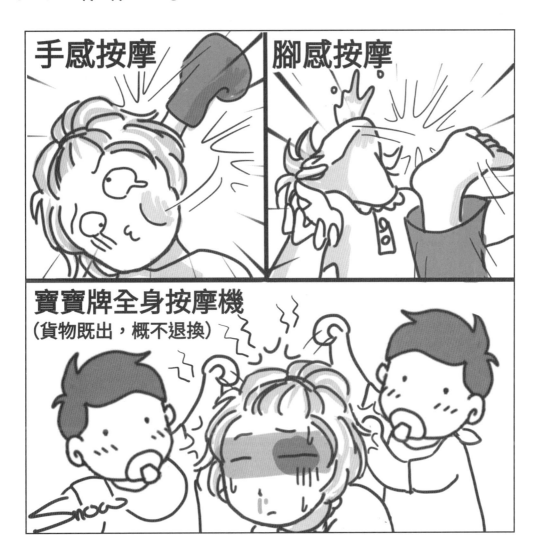

寶寶越大，
「按摩」的力道也越強勁……

093 渡年如日

當媽後深感歲月如梭呀……

寶寶真的是父母的前世情人呀！

帶寶寶在年節出門真的挺累人的……

096 過年禁忌

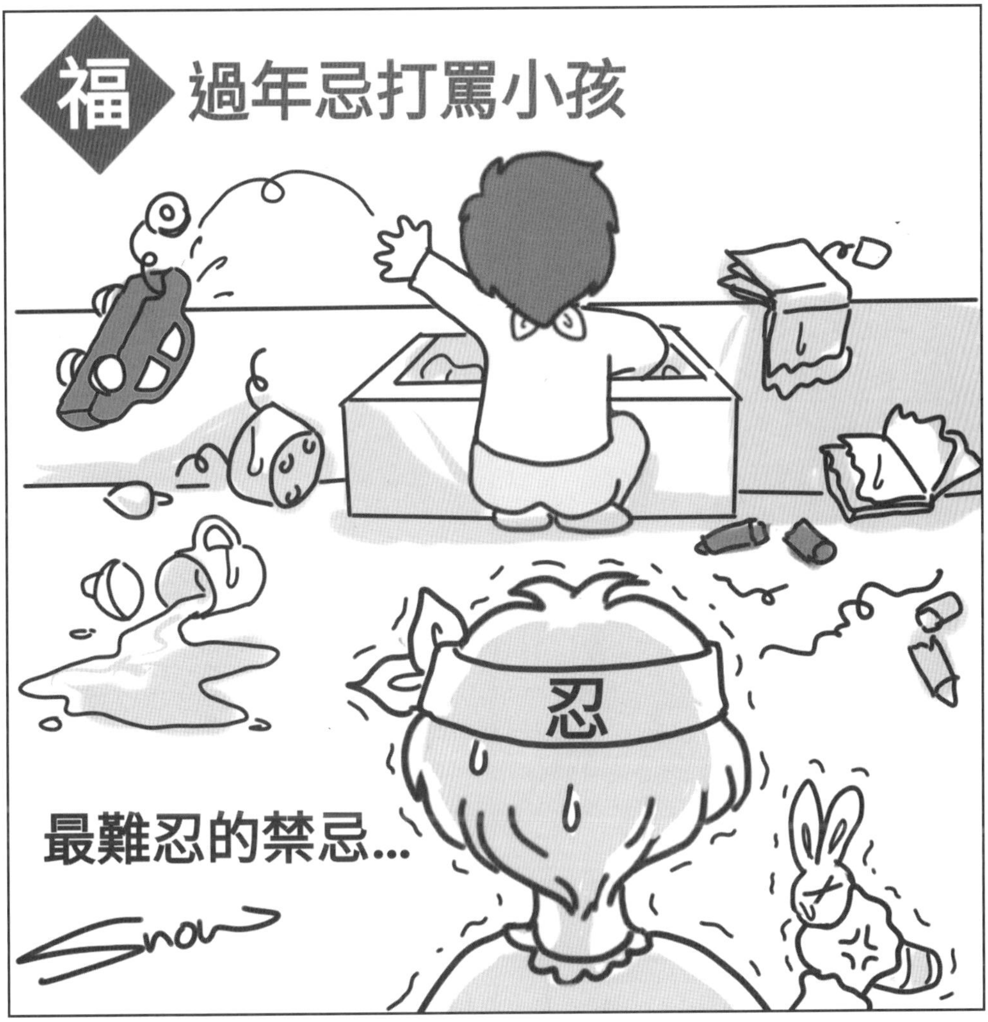

福
過年忌打罵小孩
忍
最難忍的禁忌...
Snow

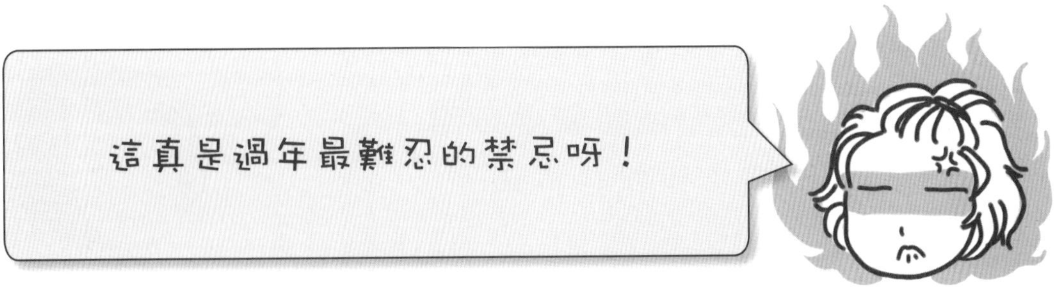

這真是過年最難忍的禁忌呀！

這是為什麼媽媽需要一台
掃（拖）地機的理由。

寶寶其實都很精明，
知道該怎麼省力……

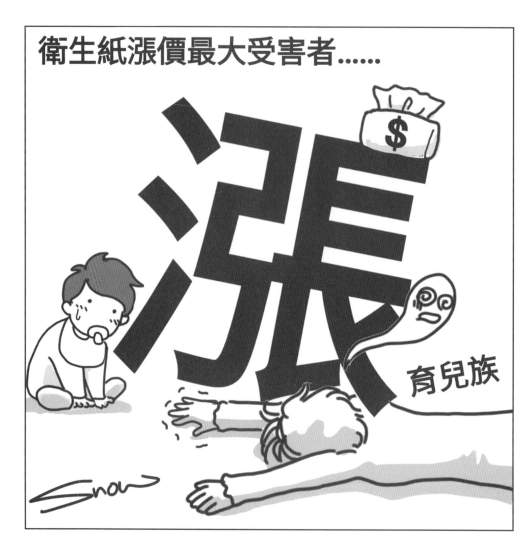

衛生紙漲價最大受害者......

育兒族

聽說還有濕紙巾也會漲⋯⋯
（握奶瓶抖）

其實我們都錯怪廠商跟政府了……

※未滿三歲寶寶不適合吃湯圓哦！

未滿三歲的寶寶吃湯圓有噎到的危險，
請務必注意！

102 居家逃生計畫

水火無情生命要緊！
事先規劃居家逃生計畫很重要喔！

寶寶的適應力其實都很強的，
媽媽真的不用太玻璃心。

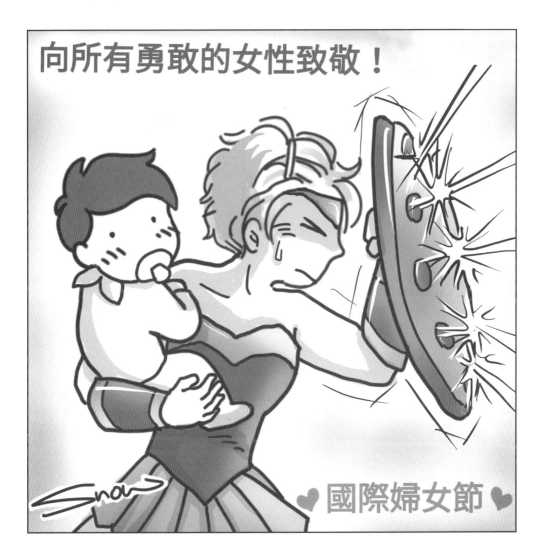

媽媽都是神力女超人！

這是寶寶媽訓練寶寶收玩具的技巧。

106 家裡有黑洞？

很多東西真的就是會
莫名其妙不見呀！

107 買衣服

真的很難幫瘦高身型的寶寶
買衣服呀～（淚奔）

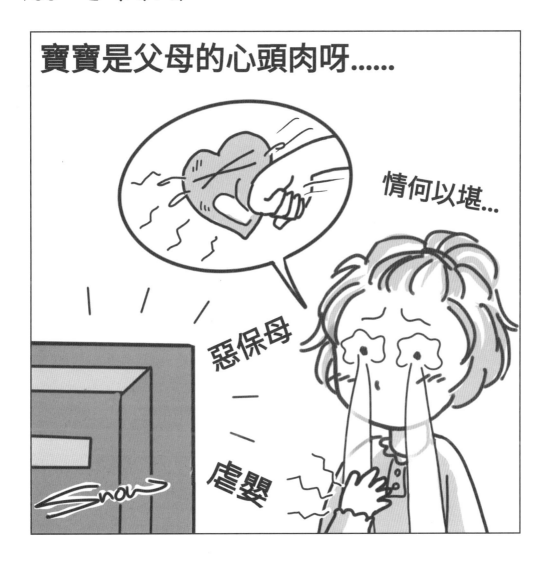

希望政府能讓願意生小孩的父母
免於寶貝被虐待的恐懼！

109 培養寶寶自信

要培養寶寶的自信心，
父母要循序漸進引導。

發呆、累格、有聽沒有到或是無故吵鬧等，其實都是寶寶發出累了想睡覺的訊息哦～

媽媽一定要吃飽，
不然心情會不好（請筆記）。

112 媽媽為什麼忙不完？

這就是為什麼媽媽永遠忙不完的原因呀！

覺得寶寶來到這世上的任務之一
是逗媽媽笑～

此事堪稱當媽以來的最大挑戰！

115　戒尿布攻略

寶寶戒尿布網友經驗分享：

寶寶媽將媽媽網友對戒尿布這件事的經驗分享整理如下，提供給有想幫寶寶戒尿布的父母參考，我們一起努力吧！

※ 讓寶寶戒尿布的前題：寶寶能表達尿及便意、等寶寶身心都準備好再戒，3歲前不勉強，如果發現寶寶出現憋尿行為要停止。

※ 媽咪們建議可購買物品：可愛內褲（讓寶寶自己挑）、學習褲（夏天稍悶熱請自行評估）、防水床墊、吸水墊（舖沙發、車座椅）、有水車轉輪的小便斗（男寶）、小馬桶或馬桶兒童座墊、護膝（因為要常跪地擦）。

※ 前置準備期：可用吹口哨方式引導寶寶尿尿，並傳遞尿尿跟便便要告知、長大就不需要包尿布等的訊息。

※ 媽咪們的成功密訣分享：（1）寶寶尿在地上媽媽要面不改色、耐心提醒有尿便意要告知；（2）利用寶寶喜歡沖馬桶的特性要他只能沖自己尿或便的；（3）初期每半小時就耐心詢問尿便意，再慢慢拉長詢問時間，如果寶寶主動告知尿便意要大大鼓勵；（4）一旦成功要「誇大褒獎」；（5）用「馬桶先生」、「馬桶小姐」可愛稱呼降低寶寶對馬桶的排斥感；（6）請出「虎爺」（巧虎）來相助。

※ 其他方案：等寶寶大點自己說要戒再戒、給幼兒園老師戒……

戒尿布嗎？

關於兒童語言發展及早期療育資訊

受到現代社會少子化影響，學齡前兒童的同儕刺激較少，導致寶寶說話的動力薄弱，如果主要照顧者又沒有適時誘導說話，寶寶自然就不愛用麻煩的口語來表達想法。

寶寶在兩歲半前都還不太愛說話，連媽媽都不太愛叫，當時真的急壞寶寶媽了，光語言治療評估寶寶媽就帶著寶寶跑了三家醫院，但醫院的語言療程都是人滿為患的情況，要排進語言治療課程至少要等上半年，不過第三家醫院的語言治療師經過仔細評估後，跟寶寶媽說寶寶的認知能力很好，應該沒問題（語言治療師說男寶寶的語言發展普遍比女寶寶要慢，但如果認知沒有問題，需要的就是主要照顧者勤加誘導就好），加上寶寶又開始上幼兒園了，治療師認為不出三個月寶寶應該就會講話，建議再給寶寶一點時間，如果超過半年還不愛講話再來評估。

果不其然，上了幼兒園後兩個月，寶寶已經會講中英文1到10數字，跟部分注音及 ABC，還不到三個月就開始語言大爆發，每天話講個不停（讓寶寶媽很想購入耳塞……）。

每個小孩的語言發展速度都不太一樣，只要認知能力沒有太大問題，父母也不用給自己跟小孩太多無謂的壓力，但如果發現寶寶語言發展太過遲緩，還是建議跑一趟醫院做專業的評估，現在的早療評估及療程都很專業到位，能夠即早發現並即早治療（或預防）對寶寶只會有益無害，可以搜尋「臺北市政府早療通報及轉介中心」，或是各縣市的「早療通報轉介中心」洽詢喔！

117 三歲小孩好騙？

拜託，小孩都精得很，非常難騙的！

118 媽媽討厭連假

連假出門人擠人……

遊樂場爆滿……

更慘的是還下雨……

我討厭連假!!!（當媽後）

是愚人節吧？

當媽後真的超怕連假到處人擠人……

119 去動物園

常去動物園野餐......

玩樂......

河馬銅像

找昆蟲......

就是不愛看動物......

其實只要寶寶能放電怎樣都好啦～

有這樣做的請舉手！
（還是要盡早休息保護視力喔！）

幼兒園入園功略分享：

※ 選擇幼兒園時，建議多了解幼兒園的教養理念、整體環境及其他家長評價，並在參觀時多觀察園內小朋友的生活互動狀況是否良好。

※ 建議事先帶寶寶多去幾次幼兒園玩樂及熟悉環境，並讓寶寶與老師及小朋友多互動，與老師建立信任及依賴才能縮短寶寶的適應期。

※ 事先在家使用剛採買的幼兒園物品（有些我有多買一份家裡使用），讓寶寶先熟悉這些物品，可以降低寶寶對新環境的不適應感（幼兒園通常會提供建議採買物品清單）。

※ 建議可透過讓寶寶觀看幼兒園生活的影片或繪本故事，強化寶寶對幼兒園的認知及正面印象，降低對幼兒園新環境的恐懼。

※ 讓寶寶在上幼兒園之前，已有他人托育或其他場域托育的機會，或是參加學齡前親子課程，讓寶寶習慣媽媽離開及固定時間返回的安全感，也可運用約定信物增加寶寶的安全感（例如寶寶媽用媽媽時針手錶當安撫信物）。

※ 事先調整好寶寶作息，以便順利銜接幼兒園生活。

去幼兒園接寶寶時的一幕......

乖乖坐著等媽媽來接......

這真是令媽媽揪心的一幕呀......

寶寶上幼兒園後，
連媽媽的作息都正常了～

124 幼兒園優點大盤點

寶寶媽覺得對於求知慾旺盛、社交需求強烈的 2 歲半寶寶而言，幼兒園真的是比待在家裡、或單一照顧者模式更理想的教養環境，上了幼兒園的寶寶不但變得比以前更開朗活潑，寶寶媽也不用像在打仗一樣每天安排一堆活動，忙得自己焦頭爛額，然而每個寶貝個性與特質不同，請父母務必仔細評估幼兒園的生活是否適合您的寶貝，也建議確認寶寶有足夠的自我表達能力（語言或非語言皆可）再考慮上幼兒園喔。

以下是一些讓寶寶愛上幼兒園生活的個人經驗分享：

※ 道別前事先溝通好何時來接（用寶寶聽得懂的方式，例如寶寶媽會跟寶寶講「睡午覺起來，吃完好吃的點心就可以看到媽媽了」），並答應下課後帶寶寶去便利商店買喜歡吃的點心、做喜歡做的事等，讓寶寶有期待感並降低分離焦慮。道別時媽媽可以給個 Kiss bye 就直接離開別猶豫，寶寶也才不會受到媽媽情緒的影響。

※ 期間務必細心觀察寶寶的適應狀況，初期建議上課時晚點走、下課前早點到，從旁（或監視器）觀察寶寶在教室與同學及老師的互動狀況，也可從寶寶返家後的情緒判斷這個幼兒園是否適合您的寶貝。

※ 每天下課後跟寶寶聊聊幼兒園發生的有趣事情（可用老師傳來的照片、影片），加強寶寶對幼兒園的正面印象之外，也讓寶寶感受到媽媽的愛與關懷。

※ 參考前人的經驗分享、了解可能發生的狀況、做好心理準備並相信老師的專業，期間媽媽可以忙點其他的事轉移注意力，減輕媽媽自己的焦慮感，媽媽的自我心理建設也很重要喔！

※ 要年幼寶寶適應一個新環境及生活模式本來就不容易，父母要有耐心
　接受寶寶在適應期間可能發生的各種狀況及情緒反應，並在適應期給
　予寶寶加倍的關愛，給予更多愛的擁抱強化寶寶的安全感，相信寶寶
　很快就會愛上幼兒園精彩的生活的！

☆上幼兒園優點大盤點☆

生活變規律

媽媽輕鬆愉快

寶寶開朗活潑

不用煮早午餐

社交能力提升

兼顧工作家務

生活精彩有趣

親子關係甜蜜

Snow

媽媽的適應力並不亞於寶寶～

寶寶媽工作時……

吹整

上妝

精心打扮

寶寶媽顧小孩時……

隨便夾

忘了洗臉

隨便穿

Snow

顧小孩都快累死了，
最好是有時間精心打扮啦！

127 鳥唱歌

媽媽真的很需要睡眠品質呀！

當媽後才能體會當媽的不易，
也更愛自己的媽媽了～

129 潛水衣

當媽後有些東西只有緬懷的份了……

130 接小孩這件事

這真的是寶寶上幼兒園的第一個月，
寶寶媽心境的變化～

深深覺得這位女醫師
實在是太敬業了～

裝回推車坐墊跟配件也是，
感覺像是整人裝置……

133 按摩椅

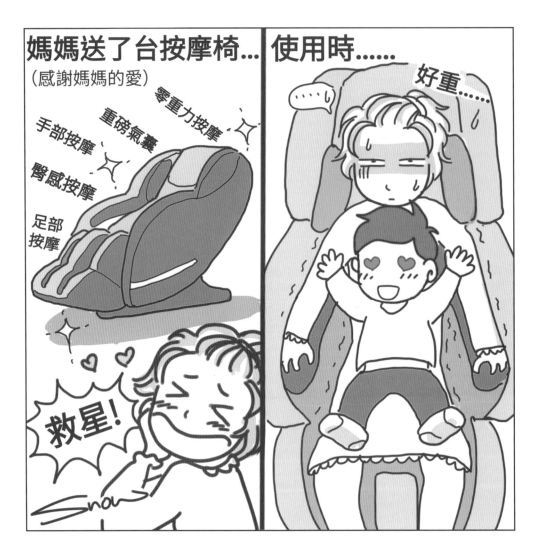

深深覺得每位辛苦的媽媽
都應該要有一台！

媽媽最怕家事機送修……

快回來呀~
親愛的~

超怕掃地機、拖地機或洗碗機
任何一台故障……

常覺得掃地機跟糖糖不對盤……

在趕工設計展覽輸出圖時......

做到一半還來不及存檔...

啊...

......

電腦主機...

當媽後凡事都要看開一點......

媽媽有種以後會被這小傢伙嚴管的預感……

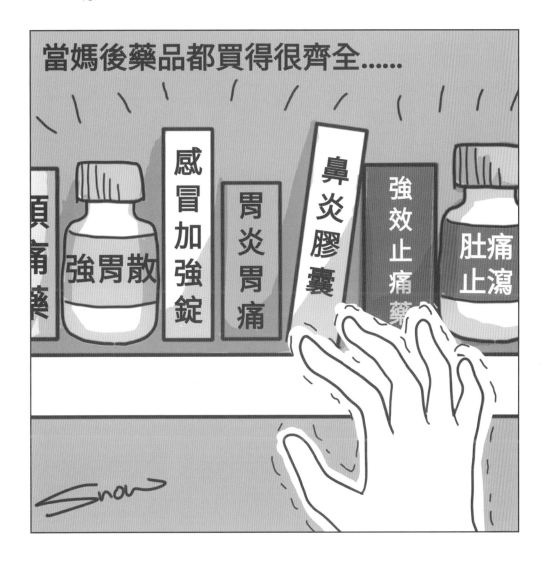

當媽後藥品都買得很齊全……

頂痛藥　強胃散　感冒加強錠　胃炎胃痛　鼻炎膠囊　強效止痛藥　肚痛止瀉

當媽後超怕生病～

幼兒園的開學季淚水
簡直氾濫成災呀！

天下的媽媽都是一樣的！

吃飯媽媽經......　　滔滔不絕...♭

你要吃飯才能跟大哥哥一樣長高高長壯壯，才能跟大哥哥他們一起打籃球和騎腳踏車，而且要多吃蔬菜才不會感冒，感冒生病很不舒服對不對，趕快把飯吃完吧！

刷牙媽媽經......　　滔滔不絕...♭

睡覺前我們一定要刷牙哦！不刷牙的話晚上蟲蟲就會來咬你的牙齒，牙齒會痛痛就要去看牙醫伯伯囉！而且如果蛀牙你就不能吃糖果了，所以我們來刷牙吧！

想當年寶寶媽可是省話一姐呢......

142 糖糖的尿布

最近開始幫糖糖穿狗尿布……
（年紀大會到處尿尿）

彎扭~

某日要幫寶寶換尿布時……

啊……

snow

看來生小孩第三年還沒結束……

媽媽想好好上個廁所都很難……

144　恐怖來電

瞬間腦海中冒出幾百種可能性⋯⋯

寶寶來了2.0　159

所以寶寶的鞋穿反，或是衣服反穿，
真的不是媽媽的問題哦！

媽媽最愛當病人......(玩醫生遊戲)

忙碌的媽媽很需要偷空休息呀！

當媽後真的很在意這件事！

而且很愛改編或自創歌曲耶～

149 媽媽的家庭作業

151 午餐的落差

寶寶在家吃的午餐……

豪　華　豐　盛

媽媽自己在家吃的午餐……

……　微波食品　……

媽媽自己就隨便吃囉！

媽媽很容易因為寶寶的
一句稱讚飛上天～

媽咪肚子大大！

最近稍胖

童言童語好可怕...

······

媽媽也很容易因為寶寶的一句話
掉入地獄……

寶寶真的很愛講這句……

155 關於學英文這件事

以前英文沒學好沒關係，
當媽後會再學一次……

怕教錯寶寶

變色龍的英文
是chameleon...

推土機的
英文是……

真的是這樣……

阿母取經小短篇

幼兒園真是苦難父母的荒漠甘泉！幼兒園的每位老師在寶寶媽的眼裡都像是天上仙女（笑），所以寶寶媽突發奇想，將唐三藏取經的橋段跟寶寶上幼兒園的過程結合，創作了〈阿母取經〉這個幽默的連環小短篇，博君一笑之餘，也別忘了時時感恩幼兒園辛苦的老師們呀！

阿母取經小短篇第 1 話

阿母取經小短篇第 2 話

阿母取經小短篇第 3 話

阿母取經小短篇第 4 話

阿母取經小短篇第 5 話

阿母取經小短篇第 6 話

阿母取經小短篇第 8 話

阿母取經小短篇第 9 話

阿母取經小短篇第 10 話

外婆傳說 - 原子筆篇

外婆傳說為基於寶寶外婆的口述略作改編的故事，寶寶媽想趁還沒忘記時，趕緊畫下寶寶外婆的這個經典事蹟，希望給長大以後的寶寶看，讓這個精彩的故事能被記得而且流傳下去……

據說寶寶的外婆
曾用了一支原子筆
英勇地救了家產……
（真實故事改編）

外婆傳說 - 原子筆篇 - 第 1 話

外婆傳說 - 原子筆篇 - 第 2 話

外婆傳說 - 原子筆篇 - 第3話

外婆傳說 - 原子筆篇 - 第 5 話

外婆傳說 - 原子筆篇 - 第6話

外婆傳說 - 原子筆篇 - 第7話

外婆傳說 - 原子筆篇 - 第 8 話

外婆傳說 - 原子筆篇 - 後記

不過也要謹慎使用「關鍵字」，以免提早失效。

157 媽媽要適時放空跟耍廢

媽媽要把休息與充電當做「幸福的必要投資」！

「適時休息」對整天忙於小孩的媽媽而言，是比「把家事做好」更重要的事！媽媽如果沒有適當安排休息跟充電，最後只會把自己搞得筋疲力盡、情緒憂鬱，更沒有辦法好好照顧小孩，惡性循環下勢必對家庭幸福產生嚴重殺傷力！

每個人的休息方式不太一樣，寶寶媽只要寶寶不在家的短暫下午（週末爸爸帶出門玩半天），能好好在家吃個飯看部好電影、什麼事都不做就是最棒的休息！此外，每週一次的羽球運動，也是寶寶媽休息充電的重要方式，每次揮汗打完球，跟球友餐敘胡扯一番後，就覺得又充飽了一週的育兒電力，這也是寶寶媽能兼顧生活、工作及育兒的祕密哦！也建議爸爸及家人也要把支援媽媽、讓媽媽充分休息這件事，當成「幸福的必要投資」！育兒之路真的還很長，媽媽要適時休息才能開心享受育兒生活喔！

158 別親寶寶！

請支持「別親寶寶」（Do Not Kiss the Babies）運動！

「別親寶寶」（Do Not Kiss the Babies）是國外一位因寶寶被親吻而感染致命的心痛媽媽所發起的活動，新生兒的免疫系統發育尚未完全，對許多病毒還沒有足夠的免疫力，而對成年人可能無礙的皰疹病毒性皮膚病，則可能藉由親吻或口水將病毒傳染給寶寶，因而導致致命的嚴重後果！寶寶媽希望透過這幅支持該活動的創作，讓更多人能有正確的觀念及衛生意識，如果有人想親你的寶貝，請務必果斷拒絕！也請大家多宣導此一觀念，別讓這種因愛生憾的事再發生了！

別親寶寶！

DO NOT ~~KISS~~ kill
THE BABIES!

寶寶上學記：Day 1

第一天寶寶又哭又笑，媽媽心情像洗三溫暖……

坦白說讓兩歲多的小小孩適應上幼兒園的過程，對父母跟寶寶都是不小的挑戰（擦汗），在咬牙撐過將近兩週的哭鬧抗拒期後，現在看著寶寶每天開心去上學，寶寶媽真的覺得為自己跟寶寶做了一個很正確的決定！所以想跟大家分享寶寶初期上幼兒園頭幾天的反應及適應狀況，希望這些經驗能給即將要讓寶貝去幼兒園的父母一點信心，了解寶貝適應期可能的反應，以便預先做好心理準備，相信大家的寶貝開開心心上學的那一天很快就會到來哦！

寶寶上學記：Day 1
寶寶又哭又笑，媽媽心情像洗三溫暖！

寶寶第一天上學，媽媽的心情真的像洗三溫暖呀……雖然事前做足了準備及充分溝通的工作，真的到了要分開的那一刻，看到寶寶狂哭媽媽其實還是很揪心。但是寶寶媽謹記道別技巧，微笑道別後便冷靜轉頭離開（其實是趕緊跑到樓下，透過教室的監視器關心寶寶的狀況），從監視器中發現寶寶只哭了一下下，很快就被老師安撫好乖乖地吃早餐了，還邊吃邊開心拍手要討老師的讚賞（不得不佩服幼兒園老師的厲害！），在觀察了約一個小時寶寶的適應狀況後，寶寶媽就很放心的離開了，因為……寶寶根本樂在其中呀！

第一天上課，老師隨時都會傳寶寶的照片跟說明適應狀況讓媽媽放心，雖然寶寶偶爾想起媽媽還是會啜泣，但經過老師適度安撫很快就不哭了，而且聽說寶寶對幼兒園的餐點跟點心超捧場，很快就吃光光了（凸顯出媽媽廚藝不佳……）。第一天下課去接寶寶時，問寶寶幼兒園好不好玩，寶寶還點頭如搗蒜呢！

寶寶上幼兒園第一天成功！

寶寶上學記：Day 2

第二天挑戰才正式開始！

寶寶上幼兒園，挑戰其實是在第二天才正式開始……（抖）。

第一天道別時，寶寶還在無知懵懂狀態，第二天起，寶寶就會因為了解狀況而產生抗拒，所以即使第一天寶寶適應狀況良好，第二天反而要對寶寶更激烈的情緒反應作好準備（除了信任及仰賴老師的安撫能力，媽媽事先也要再強化寶寶對幼兒園的正面印象，也可透過一起觀看老師傳來的照片及影片，讚美及肯定寶寶在幼兒園的表現。此外，媽媽也要盡量讓寶寶的作息正常化，晚上早點讓寶寶就寢，以免因睡眠不足產生更大的情緒反應）。

第二天早上，寶寶出門時還興致勃勃地要去幼兒園，不過一踏進教室，昨天記憶跟抗拒情緒馬上上來爆哭，寶寶媽仍然跟第一天一樣，微笑道別後鎮定地轉頭離開（當然還是馬上跑到樓下看監視器），因為寶寶情緒反應較激烈，所以老師還帶著寶寶四處走動安撫情緒，在幾位老師辛苦安撫了約莫 10 分鐘後，寶寶的情緒才終於穩定下來，悶悶不樂地坐在位置上吃早餐。

坦白說第二天看到寶寶激烈的情緒反應，寶寶媽內心有千萬個不捨（還偷偷拭淚……），但是在樓下觀察時，看著幼兒園內開心玩樂的小朋友，著實給寶寶媽自己不少信心，也相信寶寶一定會愛上幼兒園的！

寶寶上學記：Day 3

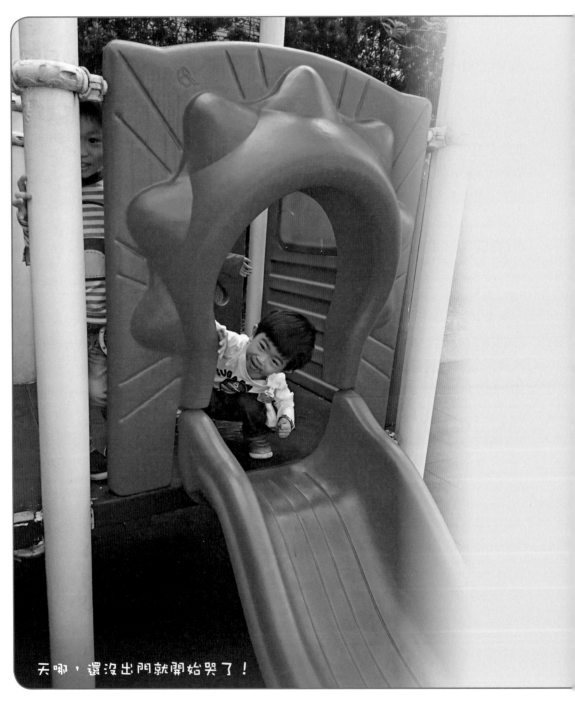

天哪，還沒出門就開始哭了！

今天寶寶還沒出門就已經開始狂哭，寶寶媽先在家安撫了好一會兒，並跟寶寶約定今天下課後去坐他喜愛的貓空纜車，寶寶才願意出門。

到了教室門口要離開時，寶寶還是一陣爆哭，但是這次老師只花了不到 5 分鐘，就把寶寶安撫好坐在椅子上吃早餐，不過從監視器看得出寶寶心情還是有些低落，不太願意配合吃早餐，所以老師坐在一旁邊安撫邊餵，這時班上的小朋友就主動帶著玩具來找寶寶玩，後來老師跟我說班上小朋友都很關心剛來的寶寶，第一天寶寶還會怕生排斥，第二天開始就能接受其他小朋友給的玩具了，進步很多喔！

其實昨天下課後，寶寶媽花了一點時間，跟寶寶做了一些溝通與心理建設，先再三確定寶寶喜歡幼兒園的生活後，跟寶寶約定早上道別時不要哭哭（寶寶當下很認真的點頭答應），話雖如此，寶寶媽也沒期待寶寶今天就完全不哭啦，畢竟要讓小小孩適應新環境，本來就需要一點時間，但從他早上的情緒很快被安撫的情況看來，寶寶其實已經有做了努力，比寶寶媽預期的更棒了呢！

照片是寶寶早上吃完早餐後，到戶外開心遊玩的情況，看寶寶樂在其中的表情，寶寶媽才終於鬆了一口氣！

寶寶上學記：Day 4

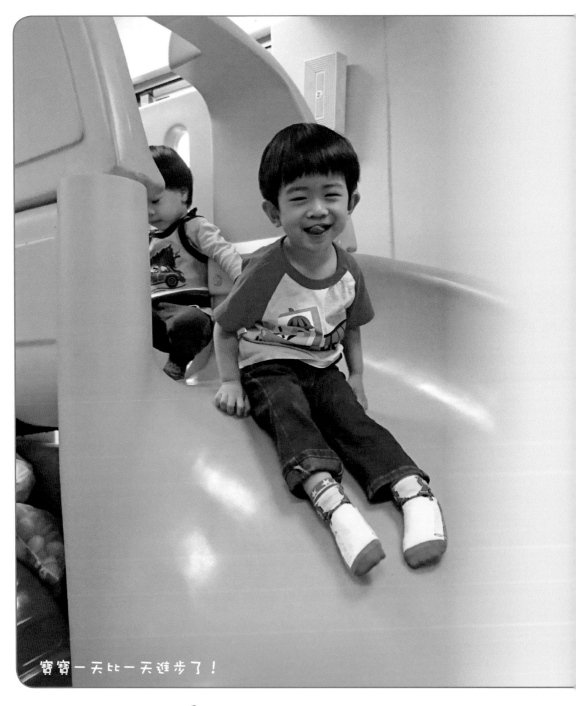

寶寶一天比一天進步了！

今天跟昨天一樣，寶寶還是出門前就哭了，跟寶寶約定回家後一起玩吹泡泡遊戲，然後戴上媽媽手錶後才願意出門（請見「幫助寶寶適應幼兒園生活的技巧（二）：媽媽手錶（安全感信物）」）。

雖然前三天寶寶在幼兒園都玩得很開心，下課後也明顯比之前活潑開朗，不過才三天時間，如果寶寶跟心愛的媽咪分開時，就完全都不會難過的話，我自己應該也會覺得很失落吧！但是寶寶今天比昨天更進步了，雖然在門口道別時還是有小哭一下，但很快就止哭並開始吃早餐了，看來距離寶寶開心上學的日子不遠了！

後記：後來大約到第 11 天之後，寶寶才終於可以每天開開心心上學了！但是前面幾週的禮拜一，因為剛過完週末，寶寶的情緒反應通常會較大，父母也要有心理準備喔！

寶寶上學心得總結

照片是寶寶媽跟寶寶一起參加幼兒園舉辦的
萬聖節親子遊行活動

從寶寶六個月大開始，寶寶媽就很勤勞地帶寶寶出門學習及放電，跑遍各大親子館、親子餐廳、遊樂場、動物園、公園等等，平常在家也盡量安排閱讀或靜態學習活動，但坦白說，日子久了生活及教養的模式難免固定單一。兩歲後寶寶的心智成長飛快，學習慾強且精力旺盛，寶寶媽明顯感覺到自己力有未逮，而且常常跟吵著要看電視的寶寶鬥智，搞到自己理智線快斷裂，思來想去，覺得應該讓更專業的幼教老師來幫忙，這也是為什麼寶寶媽決定讓寶寶兩歲半提早上幼兒園的原因。

自從寶寶上了幼兒園之後，大幅拓展了寶寶的生活經驗，也帶來許多學習新事物的成就感，周遭的人都跟寶寶媽說寶寶變得更開朗活潑，也更願意與人互動了！而且寶寶在進幼兒園不到三個月，語言表達就有很大幅度的進步，每天話講個不停，讓原本擔心寶寶有語言發展問題的寶寶媽鬆了一口氣。此外，寶寶媽會在課後跟寶寶一起出門散步或遊玩，晚上也有比較多的時間跟寶寶玩遊戲或講故事，雖然寶寶上幼兒園後相處的時間變少，但因為相處互動的品質提升了，反而讓親子關係更加甜蜜，而且寶寶媽也終於有較多的時間來安排工作及自己的生活，我真心覺得讓寶寶去幼兒園這個決定真是太棒了！

當然寶寶上幼兒園，父母最擔心的應該是容易被傳染生病的問題，不過寶寶媽覺得早去晚去都會遇到同樣的問題，重點還是父母自己要多注意，例如寶寶媽會在接寶寶下課時幫他消毒雙手，上下課也都自己親自接送（寶寶媽個人覺得坐娃娃車比較容易被傳染），寶寶上幼兒園之後的確得過幾次感冒，但整體而言並沒有寶寶媽之前想像的嚴重，父母不用過度擔心。

每個寶貝都有自己獨特的個性與氣質，適不適合上幼兒園還是得要由父母自行評估決定，以上純粹是寶寶媽個人的經驗分享，提供給還在內心掙扎要不要讓寶寶上幼兒園（幼幼班）的父母參考囉。

幫助寶寶適應幼兒園生活的技巧（一）

親子共上的幼兒課程中的遊戲照片

寶寶媽曾在寶寶兩歲時考慮過把寶寶送去幼兒園，但一想到要把獨立性跟安全感還不夠、又很黏媽媽的寶寶一個人丟幼兒園哭好幾天甚至幾週（有朋友的小孩哭了快一個月……），這點寶寶媽實在很難狠得下心。在寶寶兩歲三個月的時候，寶寶媽發現了一間專辦學齡前兒童親子共上課程的教育中心，課程豐富有趣之外，父母還可全程參與陪伴，帶著寶寶上了幾堂課之後，發現寶寶的反應比寶寶媽預期得更好，寶寶不但很享受學習這件事，在跟老師及其他小朋友的互動也很不錯，也讓寶寶媽對於讓寶寶上幼兒園這件事信心倍增，所以在兩歲四個月的時候就送寶寶去幼兒園，而寶寶也如預期很快就適應，並且愛上幼兒園的生活了！

許多親子館也有提供親子共上的幼兒課程，建議父母在送寶寶去幼兒園前，可以先帶著寶寶上這類課程，讓寶寶學習與人互動並理解上課這件事，之後再去幼兒園應該可以縮短寶寶的適應期，親子共上的幼兒課程可以說是非常理想的幼兒園銜接課程，提供給有興趣的父母參考！

幫助寶寶適應幼兒園生活的技巧（二）

媽媽手錶（安全感信物）

曾看過有媽媽在網路上分享，可以讓寶寶帶著一個有媽媽味道、或是跟媽媽約定好的信物，讓寶寶在幼兒園想媽媽時，可以透過這些信物得到心理慰藉。思來想去，寶寶媽決定買一支手錶送給寶寶當作上幼兒園的小禮物，特地選購一支時針是女生造型（跟他說這是「媽媽時針」），分針是男生造型（代表寶寶）的手錶，除了教寶寶學看時間（跟寶寶說當媽媽時針指到 4 點時，媽媽就會出現在門口來接他），也跟寶寶說如果想媽媽時，可以看看手錶，媽媽就在手錶裡陪著他喔！

在寶寶開始上幼兒園的頭幾天，寶寶媽透過監視器在觀察寶寶適應情況時，發現寶寶真的偶爾會盯著手錶看，所以寶寶媽覺得這招還是挺管用的，而且早上出門前幫寶寶戴上手錶後，寶寶心情會比較好，也比較不排斥上學，提供給寶寶即將上幼兒園的父母參考囉！

※ 建議買可防水的兒童錶方便寶寶洗手。

幫助寶寶適應幼兒園生活的技巧（三）

下課後的約定

為了降低寶寶初期上幼兒園的排斥感，寶寶媽初期每天都跟寶寶約定下課後的獎勵。第一天下課，媽媽答應幫寶寶買一罐他喜歡喝的飲料，第二天是買小點心，第三天則是去坐貓空纜車，第四天在家樓下玩吹泡泡遊戲……，透過約定下課後的獎勵，讓寶寶對上幼兒園這件事有所期待，也可減輕寶寶適應期的焦慮與不安，提供給寶寶剛上幼兒園的父母參考囉！

※ 建議別給太多零食類的獎勵，可用玩樂或其他寶寶喜歡做的事物來達到獎勵效果。

三歲定終身，用心陪伴很重要！

在寶寶出生後，除了工作時請保母來顧，大部分的時候都是寶寶媽自己帶。寶寶上幼兒園後雖然相處時間減少，但寶寶媽反而更用心安排課後的親子活動，天氣好時就會帶著寶寶去公園或遊樂場玩耍，雨天就在家玩親子遊戲或有趣的活動，也許有人覺得未滿三歲的寶寶什麼都不懂，但寶寶媽認為「三歲定終身」有其道理。知名精神科醫師及作家王浩威醫師就指出，幼兒時期的情感滿足及安全感程度，對孩童成年後的性格與人生發展有顯著的影響。

王醫師在《晚熟世代》一書中提到，在嬰兒時期如果母親越能滿足嬰兒的身心需求，個體安全感高，往後越有自信不怕挫敗，也能較健康地面對感情挫折，反之，如果母親照顧嬰兒不用心、情感互動品質低落，個體情感需求無法獲得滿足或造成創傷，往後很可能變成有傷害及毀滅傾向的情人。因為深知母親這個角色對於年幼小孩的重要性，寶寶媽也願意付出較多的時間與精力來照顧寶寶，寶寶現在快三歲了，每當看到笑口常開的寶寶，就深深覺得這段時間的辛苦與堅持很值得！

還有一點，王醫師在書中提到其實只需要透過擁抱，就可以有效消除嬰兒的心理壓力或創傷，所以寶寶媽到現在還是經常會抱抱、親親寶寶，對於寶寶的索抱也通常不會拒絕，透過簡單的擁抱就可以消除年幼小孩的心理壓力，還能增進親子感情，何樂而不為呢？

做飯這件事，媽媽真的不用太勉強自己！

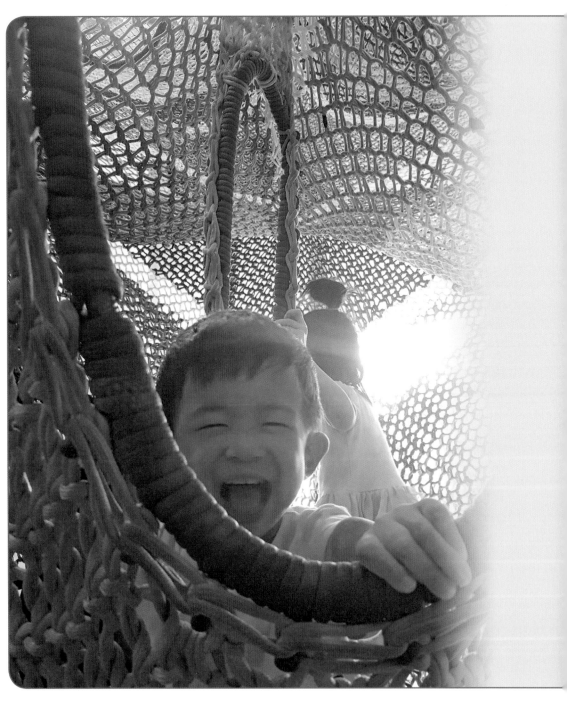

曾經看過許常德老師在粉專上，分享一個 59 年不煮飯恩愛夫妻的新聞，並提到不煮飯有避免夫妻吵架、節省時間、壓力減少、家裡乾淨等等諸多好處……，寶寶媽覺得為小孩做飯這件事也何嘗不是如此？

寶寶媽之前常因為辛苦做了半天的飯，寶寶愛吃不吃而大發雷霆，讓寶寶跟我自己對吃飯這件事都深感壓力，所以自從寶寶上了幼兒園後，寶寶媽每週只煮兩天，其他日子就讓寶寶在幼兒園吃晚飯，因為比起在家吃，寶寶還更喜歡吃幼兒園的餐食（幼兒園有專業廚房，餐食很營養健康）。此外，寶寶媽忙碌時偶爾也會帶寶寶去親子餐廳，或是去有提供餐點的遊樂場用餐兼玩樂。

關於做飯這件事，寶寶媽實在不想勉強自己，如果為了煮飯累死自己還搞壞親子關係，實在是很不划算的一件事情，此外，寶寶媽還可以帶著在幼兒園已經用完晚餐的寶寶，下課後直接去玩樂，將這些省下做飯的時間，通通變成了快樂的親子時光，媽媽快樂，寶寶更開心！

在此也要感謝有供應餐點的遊樂場，讓忙碌的媽媽不至於活活餓死呀！（當然外食也要注意餐點營養，盡量避免速食或油炸食品，但寶寶媽覺得久久吃一次速食其實也蠻快樂的呀！）

善用「巧力」和「偷時間術」來生活及育兒

別讓自己蠟燭兩頭燒！

某日寶寶媽同時帶著寶寶、牽著糖糖，去社區管理室取回大型電器包裹，看似不可能的任務，寶寶媽帶了一個簡便型推車就輕鬆搞定；需移動大型家具時，寶寶媽也是用了所謂的搬家神器自己一個人就能做到。當媽的應該都會覺得自己的時間和精力永遠不夠用，其實我們也可以運用「巧力」來讓自己的生活輕鬆一些。寶寶媽是單親育兒，還要兼顧教書、創作及研究，所以竭盡所能運用了許多省時省力的方法，好讓自己能保持生活、工作及育兒的品質，以下提供一些寶寶媽常用的「巧力」和「偷時間術」給大家參考：

※ 善用家事機及烹飪機：寶寶媽高度仰賴掃地機、拖地機、洗碗機及洗烘合一的洗衣機等家事機來快速打理家務，可省下大量時間之外也能保持居家環境的舒適。除了家事機之外，寶寶媽還買了製作超方便的麵包機、鬆餅機，也省下不少外出採購麵包的時間，加上有洗碗機神助，事後清理事半功倍。此外，現在的食品烹飪機也很先進好用，食材丟進去就可以自動料理，不過因為單價頗高，加上寶寶多半在幼兒園用餐，所以寶寶媽目前還沒有購入，但很多媽媽都反應食品烹飪機讓煮飯變得輕鬆簡單許多。

※ 省下曬、折、燙衣服的時間：寶寶媽通常是不曬、不折、不燙衣服的，日常衣物通常洗一洗就直接烘，不能烘的衣服才會拿出來曬，衣服盡量用掛

的存放在衣櫥內，能不折就不折，品質好的外出服則直接送洗，省下這些曬、折、燙衣服的動作真的可以幫媽媽省下很大量的時間。

※ 省下跑銀行及繳費時間：寶寶媽所有生活帳單、信用卡帳單、停車費等等，全部設定網銀或信用卡扣繳，能自動扣繳最好，只要能省時間寶寶媽都會盡量申請辦妥。

※ 省下跑超市的時間：常喝的鮮奶寶寶媽是用訂的每週送到家，生鮮採買幾乎全上網訂購，少量生鮮水果及蛋類則請附近小農超市外送到府，寶寶媽盡量避免上超市，因為跑超市或市場真的很花時間之外，也常會過量採購食品和生活物品！

※ 善用網購節省時間：網購是現代人的習慣，也是媽媽節省時間的好幫手，但是我想提醒「過度網購」也會產生資源浪費（例如運送過程產生碳排放量，大量紙箱包材的浪費等），因此寶寶媽平時會將想採買的東西列成清單，累積差不多了再一次下單一次到貨，降低包材及運送資源的浪費。

※ 花錢買幸福時間：如果經濟能力許可，必要時就花錢買時間吧！例如定期找清潔公司人員來家裡打掃，偶爾訂速食、披薩或餐點外送，或是帶著寶寶去遊樂場玩樂，雖然會多花點錢，但只要能讓媽媽有餘裕來應付小孩，或是讓自己在高壓忙碌中喘口氣，都是該花而且是花在幸福投資上的錢！

※ 建議媽媽們在育兒跟生活上要找到方法，善用「巧力」和「偷時間術」讓自己身心保持最佳狀態，否則很容易就把自己累垮並危及家庭和親子關係，美國人說「Happy Mom, Happy Family!」，有快樂的媽媽才會有快樂的家呀！

當個愛得不要太用力的媽媽

取得生活平衡與快樂才是最重要的事！

有位網友很猶豫不知道要不要送她兩歲大的小孩上幼兒園，於是私訊來找我聊聊，希望我給她一些意見（她也是單親需要工作），我給了一些個人找幼兒園，以及如何讓寶寶適應幼兒園生活的經驗談，但談到後來她說她覺得如果送了小孩去幼兒園，好像就代表自己「不是一個好媽媽」……。

回想剛讓寶寶上幼兒園時，寶寶媽也有過這種內疚的感覺，但現在回頭想想，發現自己其實是被「自己帶小孩才是盡責的媽媽」這種一廂情願的想法給困住了，但是媽媽就是媽媽，媽媽不是專業的幼教老師，也沒本事包山包海滿足寶寶旺盛的學習慾望呀！而且自從寶寶上了幼兒園之後，智能及語言發展有大幅的躍進，真的很慶幸即時做了這個決定！

家裡犧牲奉獻得最徹底的人，通常也是最嚴重的情緒勒索者，除了讓家人倍感壓力，也經常傷害彼此之間的感情。我希望我的存在對寶寶而言，是一個安心、親密但又可以自在相處的媽媽，如果要做到這點，我覺得從現在開始就要努力學習「當個愛得不要太用力的媽媽」。

除了適時放手，媽媽也要學會「妥協」跟「事分輕重緩急」這兩件事。寶寶媽以前的個性非常龜毛，做起事來像拼命三郎一樣，想要全部做好做到位，自從當了媽後，慢慢就學會了這兩件事，因為顧小孩的事情永遠多到做不完呀！常常忙到洗碗機裡洗好的碗還來不及拿出來，洗碗槽裡又堆了一堆，自己跟寶寶剛玩回來還沒洗澡也還沒吃飯，客廳玩具亂成一團，加上寶寶又把喝的水灑滿地，然後糖糖也還沒餵食跟出門散步……這種混亂的場景常常在上演，在面臨這種忙亂的狀況時，寶寶媽就會開始「妥協」，並把事情依「重要性」來逐一處理。

首先寶寶媽會用最簡便的方式先搞定晚餐或直接叫外送（因為吃飽了心情會比較好），然後把糖糖關在廚房吃飯（廚房後方放尿墊應急），再跟寶寶洗個開心泡泡浴（洗完心情會更好），洗完再丟個拖把給寶寶擦地上水漬（當然只是讓他有事做），趁機把洗碗機洗好的碗取出跟放入髒碗繼續洗（碗還是要洗心情才會輕鬆），最後再帶著寶寶跟糖糖到中庭散步欣賞月光，散步回來剛好可以上床睡覺（完美結果）！至於客廳一團亂的玩具就先擱著，等隔天早上再跟寶寶一起邊收邊玩也很有樂趣呀（妥協跟心態調整）！

總之，在日復一日忙碌的育兒生活中，媽媽要想辦法取得平衡與快樂才是最重要的事，其他都是次要的！

為了自己也為了寶寶

媽媽要適時放手及找回生活樂趣

寶寶媽是位熱愛潛水、有三張執照及十幾年潛水經驗的潛水愛好者，但自從懷孕之後到寶寶兩歲半的期間就暫停了潛水活動。某個週末寶寶媽特地讓寶寶去他爸爸那邊過夜，然後在週六一大早跑了一趟東北角，開開心心享受了一次睽違已久的潛水活動！

有粉友媽媽跟我說，她 24 小時都必須跟小孩綁在一起，我個人覺得這是一件非常可怕的事！我如果自己連續顧小孩超過 48 小時都沒休息就會想去撞牆！在寶寶還沒上幼兒園之前，我每週會請保母來幫忙照顧幾天讓自己能工作跟喘口氣，週末也會放手讓他爸爸帶出門玩，寶寶媽是單親養育寶寶，單親媽媽這個角色本身就太沉重，如果沒有適時放手跟休息，媽媽的壓力就很容易會轉嫁到寶寶身上。

當然很多媽媽是真的沒有人可以幫忙帶，或是經濟考量所以必須自己顧，這也是莫可奈何的事，但是如果可以，請試著偶爾放手（跟學著閉起雙眼把寶寶交給爸爸帶），除了可以讓自己緊繃的情緒獲得緩解，其實寶寶也可以從爸爸或不同人的身上，學到不一樣的互動與社交經驗，有助於刺激腦部與智能發育哦！

潛完了水，身心都獲得極大滿足的寶寶媽回到了家，開心在外面玩了一下午的寶寶也剛返家，我緊緊抱著寶寶給了他一個深深的大吻，今天真是美好的一天！（下面的照片都是寶寶媽自己拍攝的喔！）

多點隨興少點堅持

父母快樂寶寶更開心！

當媽後很多有的沒的原則通通都丟到大海裡去了，因為如果不這樣做，日子大概也很難過得下去吧（小孩生來就是來糟蹋父母理智、強健父母心臟的……。）照片中「曾經」是個精緻的木製音樂盒跟旋轉直升機收藏品，在寶寶一歲半時就已被蹂躪到慘不忍睹，不過也一直放著沒丟，想著哪天再稍微把它修復一下。

一大早寶寶就吵著要看電視，左思右想，隨手拿了音樂盒跟一些小玩具出來跟寶寶玩，玩著玩著突然發現一個塑膠的螺旋槳玩具可以替代原本被破壞的木製螺旋槳，黏上後測試可以旋轉得很完美，再妝點一隻樂高的迷你蜘蛛後，音樂盒又變得好玩有趣了，寶寶開心地玩了一會音樂盒後，寶寶媽改拿了兩支水槍，帶著寶寶跟糖糖到一樓中庭玩樂，2 人 1 狗玩水槍追逐戰玩得不亦樂乎，玩到寶寶把看電視這件事都拋到腦後了。

當媽後的生活常常是充滿挑戰與變數的，雖然照顧小孩常會遇到許多困難跟挑戰，也經常要做出妥協，但寶寶媽也慢慢發現，當自己放下原則與堅持，轉變心態順應變化之後，人生就像這個音樂盒一樣，轉念改變後反而變得更有樂趣了！

當個裝弱跟不要求完美的媽

才能讓寶寶有機會表現跟學習

某日寶寶在試著自己組回一台變身警車，因為看到寶寶弄了很久都組不回去，寶寶媽就問說需不需要幫忙，寶寶反而連忙跑開堅持要自己來，曾經看到一篇文章說父母要學著裝弱跟別插手，所以我也就坐在一旁靜靜看，一邊欣賞寶寶專心的可愛神情。

以前龜毛的寶寶媽常會把家裡收拾得乾乾淨淨，但某天突然覺得能讓寶寶發現家裡「好有趣」，遠比家裡「好乾淨」這件事重要多了，所以後來寶寶拿出來玩的玩具我常會留個幾樣擺在明顯處，然後擺出「來玩吧」的樣子，可以讓晨起的寶寶，或是從幼兒園剛返家時繼續把玩，雖然家裡會稍微亂一點，但如果能增加寶寶玩樂跟學習的興致，亂一點又何妨？

看著好不容易組合好警車，露出得意自信微笑的寶寶，寶寶媽真的覺得當個裝弱跟不完美的媽，才能讓寶寶有機會表現跟學習的機會，希望自己能繼續朝這個方向努力，共勉之！

最好的兒童美術教育

讓小孩享受創作這件事

不少父母朋友因為覺得他們的小孩很有美術天分,常常詢問寶寶媽是否應該讓他們的小孩去拜師,或是去上所謂的「正統」美術課,在跟大家分享我的看法前,我想先講一個我小時候發生的親身故事。

我從小內向害羞但很愛畫畫,比起講話我更愛透過圖畫來表達自己的想法,大人們認為我有畫畫天分,所以就找了一間兒童水彩畫室讓我去學畫,第一堂課我沒帶水彩,老師幫我跟隔壁小朋友先借了橘色顏料就讓我開始畫,因為太害羞我不好意思再借其他顏色,所以我整堂課就只用橘色水彩畫了一整張圖,當時年紀小小的我印象最深刻的一句話,是老師用他嫌棄的臉孔皺著眉說:「怎麼只用橘色呢?」

這句話讓我從此後對水彩產生極大的恐懼與排斥，我一直到國中以後才比較敢用水彩（在此之前多用簽字筆跟彩色筆），直至今日內心總是存在一種對水彩媒材及顏色運用的不確定性，只因小時候那位水彩老師對我說了「怎麼只用橘色呢？」這句話。我後來在國外求學期間曾修過藝術心理治療課程，才發現水彩這類難以掌控的藝術媒材，其實並不適合內向敏感或高感受性特質的人或小孩，幸好當時大人沒有堅持讓我繼續學畫，不然現在大家可能就看不到《寶寶來了 2.0》跟其他的創作作品了。

我並不反對讓小孩上才藝班或拜師學藝，但是如果有一天寶寶想學美術，我希望找到一位重創作啟發性而非形式教育、能了解每位小孩的特質並能強化小孩自信的老師，但在此之前，我只想讓寶寶好好享受創作這件事，並跟他一起開心玩創作，即使不完美、未完成或根本不是你想像的結果也無妨，美術教育的本質是希望能啟發幼兒天馬行空的想像力與創造力，而非能完美複製作品的機器人呀！

讓小孩完全沒有物慾或禁吃零食
真的是好事嗎？

寶寶：「媽咪，我把抽屜整理得好乾淨！」

媽媽：「……」

某日看到一篇文章引起我的深思，作者認為小孩的物慾會引發占為己有的偷竊行為，為了要控制小孩的物慾，所以不能給小孩買玩具也不能給零用錢。

我曾認識一位從小到大沒有物慾、大人眼中所謂的「乖小孩」，長大後變成了不知道自己想要什麼，對很多事情都用消極態度面對的年輕人，甚至對人生失去了期待與熱情，令人感到十分可惜。還有一位媽媽朋友嚴格禁止她的小孩吃零食，結果反而造成她的小孩對於零食的慾望極度強烈，甚至已經到了想搶別人零食吃的程度。

我相信物極必反，有時越限制反而會越容易讓小孩心生嚮往，雖然不需要過度限制但也不應該予取予求，重點應該放在教育小孩面對這些事物的態度及應該注意的事情。我偶爾會買玩具給寶寶，而且會讓他學著自己選擇喜歡的東西，對於零食也會偶爾給予沒有刻意限制，但也會教導吃零食該注意的事情。我想教育寶寶以後成為一個對物質需求有正確且健康態度的人，因為人如果被過度教育成沒有慾望（或被限制慾望），就不會鞭策自己進步與積極向上，不懂得追求人生美好事物相對也會失去對人生的熱情與期待呀！

育兒要方法

建議父母多看教養文提升自己的育兒戰鬥力！

某日傍晚帶著寶寶去大安森林公園玩，玩了一整晚玩到寶寶快沒電，正幫寶寶脫換髒衣服準備回家時，一個明顯理智線斷裂的爸爸強拖著一路哭喊「我還要玩～」的小男生橫跨遊戲區，聲音大到方圓百尺的人都為之側目。

我回想起某次去臺北市政府旁的戲沙場玩沙時，旁邊有個一樣是哭鬧著要玩沙的小男孩，一旁可能是臨時起意來、沒帶玩沙工具的爸爸滿臉無奈，我跟他爸爸說我們的工具可以借他一起玩，正在情緒上的小男孩並沒有立刻接受繼續哭鬧著，這時他爸爸用很平穩的語氣跟小男孩說：「你現在有兩個選擇，一個是我們不玩立刻離開，一個是我們跟阿姨借鏟子玩」（如果有在看王宏哲老師育兒教養法的，對這種選擇法應該不陌生）。這位爸爸很有耐性的重複了幾次，確定孩子有聽進去後，神奇的事發生了，這個前一秒可能會失控的小男孩，默默拿起我借他的鏟子開始玩沙，沒多久就收起眼淚玩得不亦樂乎了。

那位在大安公園哭鬧的小男孩可能是玩到不想回家，亦或是玩樂當中干擾到別人使得爸爸不得不強行帶走，不過我想這種窘況每個父母都有可能會遇到，現在的寶寶個個都很聰明也很有主見，父母真的需要找到好方法來教導小孩，如果如果能事先多學些育兒的妙招，除了可以免除一場哭鬧災難之外，更重要的是能夠避免父母因一時的情緒衝動，用言語或肢體暴力傷害了親子間的珍貴情感呀！

當個高 EQ 的媽

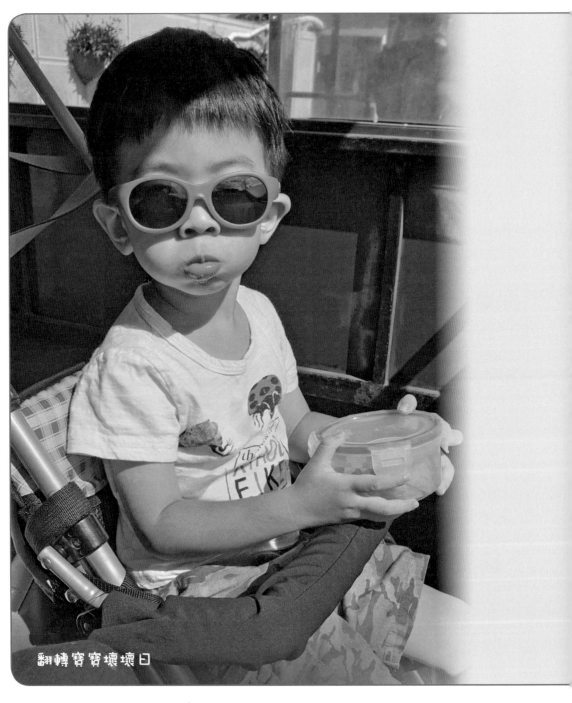

翻轉寶寶壞壞日

某日寶寶很不乖。

在寶寶媽工作忙了一整天後，傍晚想說開車帶寶寶去百貨公司玩，沿路寶寶吵著要拿玩具車玩，到了百貨公司地下停車場要進電梯時，又突然耍脾氣怎麼勸都不進去， 所以寶寶媽當下就決定立刻開車回家（寶寶當然是一路狂哭到家）。

返家後努力克制自己想扁小孩的情緒（需要許多深呼吸……），先讓自己跟寶寶做點開心的事冷靜下來（讓寶寶看電視冷靜後再吃一些點心水果），再幫寶寶洗個舒服的澡，確定他情緒恢復正常後，用平靜理性的態度跟寶寶做了清楚的溝通，讓他知道傍晚的行為有哪裡不對，確認他接收到寶寶媽的理由後，睡前還一起看了本書、畫了張圖，互相親親道晚安，因為寶寶媽的冷靜與轉念，原本可能會更糟的一天，有了完美的結局！

育兒需要方法之外，也很需要沉著冷靜，打罵常常會把事情搞得更糟，建議先讓自己冷靜下來，確定處理好自己跟小孩的情緒後，再好好思考該如何讓小孩理解媽媽生氣的原因，以及如何改善自己不當的行為。寶寶媽覺得自己在那一天真是個高 EQ 的媽呢！

讓寶寶成功分床睡的經驗分享

關鍵是「安心感」！

睡眠品質對辛勞的媽媽真的很重要,所以大約在寶寶兩歲三個月時,寶寶媽就訓練寶寶自己睡一間房,以下是寶寶媽成功分床睡的些許心得,希望對想跟寶寶分房 / 分床睡的父母有些幫助,加油哦!

....

※ 買張寶寶喜歡的床就成功一半:買張安全、好睡、好玩的床,強烈建議讓寶寶一同參與選床過程喔!

※ 從午睡開始:新床剛到不用急著讓寶寶睡(新床也要多放幾天去味),先從在床上玩耍或午睡開始,讓寶寶習慣並愛上新床。

※ 初期陪睡建立安心感:新床適應期,建議父母可以陪伴寶寶到睡著了再離開,讓寶寶能安心入睡。

※ 貼心交流很重要:除了床邊故事(不一定要讀),跟寶寶玩玩親親、牽牽手、按按摩等的睡前互動,是每晚寶寶跟寶寶媽最期待的甜蜜時光。

※ 別強迫寶寶,順其自然就好:寶寶適應初期如果半夜醒了難免會想找媽媽,所以如果偶爾跑回來想跟媽媽睡也沒關係,要給寶寶一點時間慢慢適應分房 / 分床喔!(話說有幾次寶寶半夜醒了跑來找寶寶媽睡,寶寶媽就換去睡他的床,結果寶寶發現又跑回去睡他自己的床了。)

給寶寶的兩歲生日祝福與期許

在你兩歲生日的這一天，媽媽想跟你說，媽媽不求你要飛黃騰達、大富大貴，但希望你能對所擁有的一切永遠心存感謝，並能有智慧地面對未來的各種挑戰。不需要強求事事要如願，每件事都是老天爺的精心安排，自有它存在的道理，接受他並學著調整自己，你會發現更珍貴的事物。

希望你未來能懂得用不同的角度看待人生，並能相信自己的能力，不害怕走別人不敢走的路。雖然未來你可能會遇見不好的人或事，但希望你能永遠保持良善的心，並在能力所及範圍，盡可能幫助他人並對社會有所貢獻，身心的安樂與平靜就是老天爺送給你最好的禮物！

最後，謝謝你在夢中選擇了我，我也很慶幸生命中能有你，願你平安健康、生日快樂！

永遠愛你的媽咪～啾～❤

備註：當然能飛黃騰達大富大貴也不賴啦！

用無俚頭跟幽默感來育兒，讓生活多點歡樂！

有天帶著寶寶跟糖糖出門散步時，遇到一位同社區的三寶媽（寶寶媽眼中的女強人），閒聊中發現她跟三個小孩始終沒有露出笑容（甚至可說是愁容滿面……），直到我跟對方媽媽說歡迎小朋友摸摸糖糖，三個小孩才露出片刻的驚喜微笑。每個家庭都有難念的經，我相信三寶媽的經更沉重難唸，可是苦也是一天、笑也是一天，而且父母的人生態度也會深深影響自己的下一代。

不知道大家有沒有看過《四葉妹妹》這部溫馨可愛的漫畫作品？寶寶媽非常非常喜愛這部漫畫！也對四葉妹妹的爸爸（單親爸）既幽默又無俚頭的育兒方式為之絕倒～我常在忙碌了一天疲憊不堪、寶寶又來亂、理智線快斷裂時，會突然想起四葉妹妹的爸爸，然後我就會暫停手邊的工作，陪著寶寶一起胡搞瞎搞，或是三八耍寶一番，讓寶寶開心，自己也開心！是呀，育兒何必太嚴肅？偶爾來點幽默跟無俚頭，讓育兒生活多點歡樂吧！

國家圖書館出版品預行編目(CIP)資料

寶寶來了2.0 / 小雪著. -- 初版. -- 臺北市
: 書泉, 2018.12
　面；　公分
ISBN 978-986-451-152-5(平裝)
1.育兒 2.漫畫
428　　　　　　　　　　　107021600

3I24

寶寶來了2.0

作　　者 ― 小雪（寶寶媽）（344.3）

發 行 人 ― 楊榮川

總 經 理 ― 楊士清

主　　編 ― 王正華

責任編輯 ― 金明芬

封面設計 ― 小　雪　王麗娟

出 版 者 ― 書泉出版社

地　　址：106台北市大安區和平東路二段339號4樓

電　　話：(02)2705-5066　傳　真：(02)2706-6100

網　　址：http://www.wunan.com.tw

電子郵件：shuchuan@shuchuan.com.tw

劃撥帳號：01303853

戶　　名：書泉出版社

總 經 銷：貿騰發賣股份有限公司

地址：23586新北市中和區中正路880號14樓

電話：886-2-82275988

傳真：886-2-82275989

網址：www.namode.com

法律顧問　林勝安律師事務所　林勝安律師

出版日期　2018年12月初版一刷

定　　價　新臺幣300元